四时有节

图说二十四节气

王晓莉　肖本权　郑治斌◎编著

U0232749

长江出版传媒　湖北科学技术出版社

图书在版编目（CIP）数据

四时有节：图说二十四节气 / 王晓莉，肖本权，郑治斌
编著 . —武汉：湖北科学技术出版社，2024.2
ISBN 978-7-5706-2854-4

Ⅰ . ①四… Ⅱ . ①王… ②肖… ③郑… Ⅲ . ①二十四
节气－图解 Ⅳ . ① P462-64

中国国家版本馆 CIP 数据核字（2023）第 188973 号

责任编辑：张波军
责任校对：童桂清 　　　　　　　　　　　　封面设计：曾雅明

出版发行：湖北科学技术出版社
地　　址：武汉市雄楚大街 268 号（湖北出版文化城 B 座 13—14 层）
电　　话：027-87679468 　　　　　　　　　邮　　编：430070

印　　刷：湖北新华印务有限公司 　　　　　　邮　　编：430035

710×1000 　　　　　1/16 　　　　　　　　6.75 印张 　　　　135 千字
2024 年 2 月第 1 版 　　　　　　　　　　　2024 年 2 月第 1 次印刷
定　　价：45.00 元

　　二十四节气是历法中表示自然节律变化以及确立"十二月建"的特定节令，蕴含着丰富的文化内涵和悠久的历史积淀，是中华民族传统文化的重要组成部分。一岁四时，春、夏、秋、冬各三个月，每个月两个节气，每个节气均有其独特的含义。二十四节气较准确地反映了自然节律变化规律，在人们日常生活中发挥了重要作用。它不仅是指导农耕生产的时节体系，更是有着丰富民俗事象的民俗系统。

　　二十四节气起源于黄河中下游流域，是农耕文明的产物，是远古先民通过观察天体运行，结合地理气候、物候变化规律所形成的知识体系，是我国古代订立的一种用来指导农事的补充历法，是劳动人民长期生产生活经验的积累和天文历法智慧的结晶，也是我国古代独创的文化遗产。

　　二十四节气科学地揭示了天文、气象的变化规律，是认知大自然变化规律的知识体系与社会实践。二十四节气作为我国特有的物候农时历，较准确地反映了季节的变化，几千年来用于指导农业生产，影响着千家万户的衣食住行，为中华民族的繁衍生息做出了重要贡献。在国际气象界，二十四节气被誉为"中国的第五大发明"。

　　二十四节气将天文、农事、物候和民俗实现了完美结合，衍生了大量与之相关的岁时节令文化。2006 年 5 月 20 日，二十四节气入选第一批国家级非物质文化遗产名录。2016 年 11 月 30 日，二十四节气被正式列入联合国教育、科学和文化组织人类非物质文化遗产代表作名录。

人类的生产生活无不与二十四节气紧密相关。《四时有节——图说二十四节气》详细地解说了二十四节气中每个节气的时间、气候特点、气象灾害、农事活动、习俗、养生知识等，把读者带入一个充满知识与趣味的气象天地，并以图文并茂的形式、简明扼要的概述让读者一看就知、一读便明，帮助读者了解气象相关知识，提升生活品质。

《四时有节——图说二十四节气》在编著过程中参阅了大量文献资料，得到了湖北省公众气象服务中心、湖北科学技术出版社的大力支持，在此一并致谢。

《四时有节——图说二十四节气》的文稿虽然经过多次修改，但因内容涉及面广，一些研究还不够深入，且囿于编者的学识水平，书中难免存在不足之处，恳请读者、专家和同仁批评指正。

编者

2023 年 5 月

目　录

春

立春 …………………………………… 2

雨水 …………………………………… 6

惊蛰 …………………………………… 10

春分 …………………………………… 14

清明 …………………………………… 18

谷雨 …………………………………… 22

夏

立夏 …………………………………… 27

小满 …………………………………… 31

芒种 …………………………………… 35

夏至 …………………………………… 39

小暑 …………………………………… 43

大暑 …………………………………… 47

秋

立秋 …………………………………………… 52

处暑 …………………………………………… 56

白露 …………………………………………… 60

秋分 …………………………………………… 64

寒露 …………………………………………… 68

霜降 …………………………………………… 72

冬

立冬 …………………………………………… 77

小雪 …………………………………………… 81

大雪 …………………………………………… 85

冬至 …………………………………………… 89

小寒 …………………………………………… 93

大寒 …………………………………………… 97

立春

立春是二十四节气中的第一个节气，它标志着春季的开始。每年2月3日或4日，视太阳位置到达黄经315°时为立春。

气候学常用候（5天为一候）平均气温稳定在10℃以上作为春季开始的标准。

立春期间，气温开始趋于上升，日照、降水开始趋于增多。

时至立春，白昼长了，太阳暖了。

气候特点

2月上旬，只有华南地区真正进入春季。

立春节气，东亚南支西风急流已开始减弱，隆冬气候已快要结束。

此时，大风降温仍是盛行气候，但在强冷空气影响的间隙期，偏南风频数增加，并伴有明显的气温回升过程。

主要灾害

南方阴雨绵绵，需防湿害

"倒春寒"

风害

春旱

冻雨（如贵州）

 习 俗

祭句芒

迎春

鞭春牛

咬春

养 生

护肝养生

早睡早起

戒暴怒，忌忧郁

注重养阴，多选用百合、
山药、莲子、枸杞等食物

喝花茶驱散冬季聚
积的寒气和邪气

气温回升，
冰雪融化，
降水增多，
故名雨水。

雨水是二十四节气中的第二个节气。每年2月18日或19日，太阳位置达黄经330°时，即为雨水节气。

雨水三候

一候獭祭鱼

水獭开始捕鱼，捕到鱼后，它们会将鱼摆在岸边，似乎要先祭拜一番再享用

二候鸿雁来

五天过后，大雁开始从南方飞回北方

三候草木萌动

再过五天，在"润物细无声"的春雨中，草木开始抽出嫩芽

气候特点

此时全国各地的气候特点，总的趋势是由冬末的寒冷向初春的温暖过渡。

华北地区

春风春雨降临。平均气温升到 0℃以上，白天最高气温可达 20℃。

西北、东北地区

依然没有走出冬天。以寒为主，降水以雪为主。

西南、江南地区

大多数地方已是早春景象：日光温暖、早晚湿寒、田野青青、春江水暖。

华南地区

春意盎然，百花盛开。

农 事

大小麦陆续进入拔节孕穗期，处于最需要肥料、最怕水的时期，抓好"力保面积，看苗施肥，清沟排水"的田间管理

油菜、大小麦易受低温冻害，要采取培土施肥等防冻措施

做好大棚蔬菜、水果的防冻保温工作

雨水节气后播种萝卜，宜选择生长期短、耐寒性强、不易空心的品种进行栽培

养 生

注意"春捂" ● 年老体弱者勿用冷水 ● 饮食以平性为宜 ● 洗头后及时吹干头发

惊蛰

　　惊蛰，古称"启蛰"，是二十四节气中的第三个节气，视太阳位置达黄经345°时开始。

　　此前，动物入冬藏伏土中，不饮不食，称为"蛰"；到了"惊蛰节"，春雷惊醒蛰居的动物，称为"惊"。故惊蛰时，蛰虫惊醒，天气转暖，渐有春雷，中国大部分地区进入春耕季节。

气候特点

"春雷响，万物长"，惊蛰时节正是大好的"九九"艳阳天，气温回升，雨水增多，农家无闲。此时，我国除东北、西北地区仍是银装素裹的冬日景象外，其他大部分地区平均气温已升到0℃以上：

华北地区日平均气温为3~6℃；

沿江江南地区平均气温超过8℃；

西南和华南地区平均气温为10~15℃。

谚 语

惊蛰吹起土，倒冷四十五。

惊蛰节到闻雷声，震醒蛰伏越冬虫。

惊蛰春雷响，农夫闲转忙。

惊蛰地化通，锄麦莫放松。

惊蛰寒，冷半年。

农 事

惊蛰节气在农事上有着相当重要的意义。自古以来我国劳动人民就很重视惊蛰节气，把它视为春耕、春种开始的日子。

华北地区

冬小麦开始返青生长，土壤仍冻融交替，但此时气温回升快，及时耙地是减少水分蒸发的重要措施。

华南地区

早稻播种应抓紧进行，同时要做好秧田防寒工作。

沿江江南地区

小麦已拔节，油菜开始见花，对水、肥的要求均很高，应适时追肥，干旱少雨的地方应适当浇水灌溉。

习 俗

祭白虎，化解是非

蒙鼓皮

惊蛰吃梨

"打小人"，驱赶霉运

养 生

穿衣

"春捂"得当保健康

饮食

多甜少酸宜清淡

起居

良好睡眠抗"春困"

运动

达到微汗刚刚好

春分这一天太阳几乎直射地球赤道，全球昼夜几乎等长。春分之后，北半球昼渐长夜渐短，南半球昼渐短夜渐长。

气候特点

风沙 我国西北大部、华北北部和东北地区还处在冬去春来的过渡阶段，晴日多风，乍暖还寒。

低温阴雨 当有冷空气连续入侵我国南方，会出现温度持续偏低的春寒天气，再有相伴的连阴雨，对农作物会有很大的影响。

倒春寒 在南方倒春寒最主要的影响是早稻烂秧，在北方会影响到花生、蔬菜、棉花的生长，严重的还会造成小麦的死苗现象。

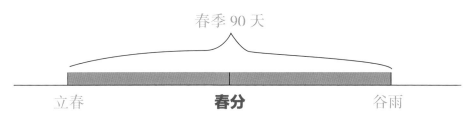

注：春分，是春季90天的中分点。

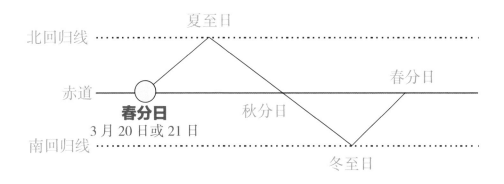

农　事

北方春季少雨的地区要抓紧春灌，浇好拔节水，施好拔节肥，注意防御晚霜冻害。

江南早稻育秧和江淮地区薄膜育秧工作已经开始，要注意在冷空气来临时浸种催芽，冷空气结束时抢晴播种。

南方需要搞好排涝防渍工作。

习　俗

竖蛋

吃春菜

送春牛

粘雀子嘴

春祭

养　生

- 早起早睡以养肝
- 防止旧病复发
- 每天梳头百下
- 不要过早减衣
- 少吃补品和盐
- 多吃韭菜香菜

清明

每年夏历三月内（公历4月4日或5日），太阳到达黄经15°时为清明节气。

在二十四节气中，既是节气又是节日的只有清明。清明时节，气温转暖，草木萌动，天气清澈明朗，万物欣欣向荣。

虽然作为节日的清明在唐代才形成，但作为时序标志的清明节气早已为古人所认识，汉代已有明确记载。

气候特点

冷暖变化幅度较大。 ——— 江淮地区

北方地区 ——— 气温回升很快，降水稀少，干燥多风。

降水仍然很少。 ——— 黄淮平原以北地区

长江中下游地区 ——— 降水明显增加。

江南地区 ——— 常常时阴时雨。

华南地区 ——— 因地理位置偏南，临近海洋，当受冷暖空气交汇形成的锋面影响时，开始出现较大的降水，称为华南前汛期。

农　事

北方地区

旱作，江南早、中稻进入大批播种的适宜季节，要抓紧时机抢晴早播

黄淮地区以南地区

应抓紧搞好肥水管理和病虫害防治工作

华南地区

早稻栽插扫尾，耘田施肥应及时进行

 习　俗

荡秋千

踏春

放风筝

蹴鞠

植树

养 生

不宜食用"发"的食品，如笋、鸡等

多食柔肝养肺的食品，如荠菜、菠菜、山药等

高血压、呼吸系统疾病易发，要高度重视

赏花需要防花粉过敏

保持乐观心情，进行适当运动

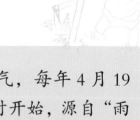

谷雨是二十四节气的第六个节气，每年4月19日或20日视太阳位置到达黄经30°时开始，源自"雨生百谷"之说。

谷雨是播种移苗、埯瓜点豆的最佳时节。谷雨是春季最后一个节气，谷雨节气的到来意味着寒潮天气基本结束，气温回升加快，有利于谷类作物生长。

气候特点

谷雨节气后降水增多，"雨生百谷"。此时已进入夏季，气温较高，常会有一两天出现 30℃ 以上的高温，使人开始有炎热之感。

> **天气谚语**
>
> 谷雨阴沉沉，立夏雨淋淋。
> 谷雨下雨，四十五日无干土。

农　事

江南地区

水稻栽插，玉米、棉花苗期生长

西北高原山地

采取灌溉措施，减弱干旱影响

华南地区

大春作物生长，小春作物收获

习　俗

山东荣成：渔民节

山西临汾：禁蝎

陕西白水：祭祀文祖仓颉

南方：摘茶

北方：食香椿

谷雨节气后神经痛易发，如肋间神经痛、坐骨神经痛、三叉神经痛等

多吃富含维生素 B 的食物对改善抑郁症有明显效果

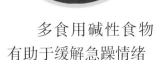

多食用碱性食物有助于缓解急躁情绪

过敏体质者应注意防止花粉症及过敏性鼻炎、过敏性哮喘等。应减少高蛋白质、高热量食物的摄入

谷雨前后 15 天及清明的最后 3 天，脾处于旺盛时期。脾的旺盛会使胃强健起来，因此此时是补身体的大好时机

立夏

立夏是二十四节气中的第七个节气、夏季的第一个节气，表示孟夏时节正式开始。太阳位置到达黄经45°时为立夏节气。

人们习惯上把立夏当作气温明显升高、炎暑将临、雷雨增多、农作物生长渐旺的一个重要节气。

气候特点

按气候学的标准，日平均气温稳定在 22℃ 以上为夏季开始。

"立夏"前后：
福州到南岭一线以南地区真正进入夏季。
东北和西北的部分地区刚刚进入春季。
华南其余地区气温为 20℃ 左右。
低海拔河谷早在 4 月中旬初即感夏热，立夏时气温已达 24℃。

农　事

抓紧在始花期到盛花期喷药防治赤霉病

小麦

及时采取必要的增温降湿措施，并配合药剂防治病虫害

棉花

栽秧

早追肥，早耘田，早治病虫，促进秧苗早发快长

茶树

春梢发育最快，要集中全力分批突击采制

中稻

播种要抓紧扫尾

习　俗

迎夏仪式

饯春

秤人

尝新活动

烹食嫩蚕豆

斗蛋

 养　生

起居　早晚适当添衣，可以适当晚睡早起，睡好"子午觉"

精神　重视"静养"

运动　运动不要过于剧烈

饮食　增酸减苦，补肾助肝，调养胃气

小满

　　小满是二十四节气之一、夏季的第二个节气，每年5月20日或21日，视太阳位置到达黄经60°时开始。这时中国北方地区麦类等夏熟作物籽粒逐渐饱满，但还没有成熟，相当于乳熟后期，所以叫小满。

 **气候特点**

下雨天

黄河中下游地区——"小满不满，麦有一险"。

长江中下游地区——"小满不下，黄梅偏少""小满无雨，芒种无水"。

江南地区——"小满动三车，忙得不知他"。

南方地区——"小满大满江河满"。

 农　事

小满三候:

一候苦菜秀：小满节气中，苦菜已经枝叶繁茂。

二候靡草死：喜阴的一些枝条细软的草类在强烈的阳光下开始枯死。

三候麦秋至：在小满的最后一个时段，麦子开始成熟。

小麦

宜抓紧进行麦田虫害防治，预防干热风和突如其来的雷雨大风、冰雹的袭击

正是适宜水稻栽插的季节

水稻

蔬菜

继续加强大棚作物培育管理，注意通风换气，加强病虫害防治

柑橘：做好保花保果和病虫害防治
杨梅：抓好以保果治虫为中心的管理

果树

 习　俗

抢水

食苦菜

祭蚕神

采收香蕉

 养 生

 气温日差较大，适时添加衣服

 风火相煽，易烦躁不安，要调适心情，胸怀宽广

 多参与一些户外活动，清晨参加体育锻炼

 避免过量进食生冷的食物，常吃清利湿热的食物

芒种

芒种是二十四节气中的第九个节气，每年的 6 月 5 日或 6 日，视太阳位置到达黄经 75° 时开始。

芒种也称为"忙种"，是农民播种、下地最为繁忙的时候。

气候特点

除了青藏高原和黑龙江最北部的一些地区还没有真正进入夏季，我国大部分地区的人们都能体验到夏季的炎热。

我国长江流域到日本南部：梅雨（出现雨期较长的连绵阴雨天气）。

华南地区：华南地区汛期虽说处在晚期，但依然会有大暴雨。

长江中下游地区：一般先进入梅雨期，"入梅"后该地区的主汛期开始，时有暴雨发生。

西南地区：从6月开始进入一年中的多雨季节。

西南西部的高原地区：冰雹天气开始增多。

及时抢收小麦、蚕豆、豌豆等在田夏熟作物

重施玉米摆果肥

中稻秧田喷施起身药，中、下旬移栽

棉花中耕松土除草，搞好蕾期管理

播种豇豆、苋菜、小白菜等蔬菜

加强禽畜夏季防疫和成鱼饲养管理

习　俗

送花神

煮梅

打泥巴仗

安苗

养　生

起居宜早起

饮食需清淡

睡眠应充足

精神要放松

夏至

夏至入头九，羽扇握在手；
二九一十八，脱冠着罗纱；
三九二十七，出门汗欲滴；
四九三十六，浑身汗湿透；
五九四十五，炎秋似老虎；
六九五十四，乘凉进庙祠；
七九六十三，床头摸被单；
八九七十二，半夜寻被子；
九九八十一，开柜拿棉衣。

　　夏至是二十四节气中最早被确定的一个节气。夏至这天，太阳光几乎直射北回归线，北半球的白昼达最长。夏至以后，太阳光直射位置逐渐南移，北半球的白昼渐短。

气候特点

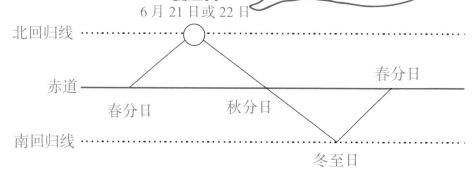

夏至意味着炎热天气的正式开始，之后天气越来越热，而且是闷热。

夏至日
6月21日或22日

北回归线

赤道

春分日　　　秋分日　　　春分日

南回归线

冬至日

对流天气：夏至以后地面受热强烈，空气对流旺盛，午后至傍晚常易形成雷阵雨。

暴雨天气：此时正值长江中游、江淮流域梅雨季节，频频出现暴雨天气，容易形成洪涝灾害。

江淮梅雨：夏至时节正是江淮一带的梅雨季节，空气非常潮湿，冷、暖空气团在这里交汇，并形成一道低压槽，导致阴雨连绵的天气。

高温桑拿：过了夏至，虽然太阳光直射位置逐渐向南移动，北半球白昼一天比一天缩短，黑夜一天比一天加长，但由于太阳辐射到地面的热量仍比地面向空中散发的多，故在以后一段时间内，气温将继续升高。

夏至　　　　　气温继续升高　　　　　最热

　　"不过夏至不热""夏至三庚数头伏"，夏至虽表示炎热的夏天已经到来，但还不是最热的时候，夏至后的一段时间内气温继续升高，再过二三十天，一般是最热的时候了。

早稻：看苗追肥

花生：叶面施肥喷匀喷细

果树：注意追肥

养羊：谨防腐蹄病

养猪：覆盖遮阳网

 习 俗

吃圆糊醮

食粽

吃苋菜

过旅游节（夏至节）

 养 生

 忌夜食生冷、空腹饮茶

 忌冷水洗浴

 忌夜卧贪凉

 饮食宜多吃"苦"

 宜晚睡早起

 夏至前后半个月宜针灸

小暑

　　小暑是二十四节气中的第十一个节气，也是干支历午月的结束以及未月的起始，每年7月7日或8日，视太阳位置到达黄经105°时开始。暑，表示炎热的意思，小暑为小热，还不是十分热，意指天气开始炎热，但还没到最热的时候。

气候特点

这时江淮流域梅雨季节即将结束，盛夏开始，气温升高，并进入伏旱期；而华北、东北地区进入多雨季节，热带气旋活动频繁，登陆我国的热带气旋开始增多。

小暑后南方应注意抗旱，北方须注意防涝。

农　事

小暑前后，除东北与西北地区收割冬、春小麦等作物外，农业生产上主要是忙着田间管理了

大部分棉区的棉花开始开花结铃，生长最为旺盛，在重施花铃肥的同时，要及时整枝、打杈、去老叶，以协调植株体内养分分配，增强通风透光，改善群体小气候，减少蕾铃脱落

盛夏高温是蚜虫、红蜘蛛等多种害虫盛发的季节，适时防治病虫害是田间管理的又一重要环节

旱稻：处于灌浆后期，早熟品种大暑前就要成熟收获，要保持田间干干湿湿。

中稻：已拔节，进入孕穗期，应根据长势追施肥穗，促穗大粒多。

单季晚稻：正在分蘖，应及早施好分蘖肥。

双晚秧稻：要防治病虫害，在栽秧前 5~7 天施足"送嫁肥"。

习　俗

小暑"食新"
（即在小暑过后尝新米）

头伏吃饺子

伏日吃面

小暑吃藕

小暑时黄鳝赛人参

养 生

1

　　小暑是人体阳气最旺盛的时候，"春夏养阳"。在工作劳动之时，要注意劳逸结合，保护人体的阳气

2

　　"热在三伏"，此时正是进入伏天的开始。"伏"即伏藏的意思，所以应当少外出以避暑气

3

　　民间有"冬不坐石，夏不坐木"的说法。小暑过后，气温高、湿度大。久置于露天的木料，如椅、凳等，经过露打雨淋，含水分较多，表面看上去是干的，可是经太阳一晒，温度升高，便会向外散发潮气，在上面坐久了，易发生痔疮、风湿和关节炎等疾病

4

　　度过伏天的办法，就是吃清凉消暑的食物。俗话说"头伏饺子二伏面，三伏烙饼摊鸡蛋"。这种吃法便是为了使身体多出汗，排出体内的各种毒素。

　　（1）天气热的时候要喝粥，用荷叶、土茯苓、扁豆、薏米、猪苓、泽泻、木棉花等煲成的消暑汤或粥，或甜或咸，非常适合此节气食用；

　　（2）多吃水果也有益于防暑，但是不要食用过量，以免增加肠胃负担，造成腹泻

大暑

　　大暑是二十四节气中的第十二个节气，也是干支历未月的下半月，每年7月22日或23日，视太阳位置到达黄经120°时开始。

　　此时为中伏前后，中国大部分地区为一年最热时期，也是喜热作物生长速度最快的时期。

气候特点

大暑节气正值"三伏"天，是我国一年中日照最多、气温最高的时期，全国大部分地区干旱少雨，许多地区最高气温在35℃以上。

华南以北的长江中下游等地区，如苏、浙、赣等处于炎热少雨季节，滴雨似黄金。

华南西部地区虽然高温天气频繁，但降水丰沛、雷暴常见，以雷阵雨最多。

农　谚

短期预示

大暑热，田头歇　　大暑凉，水满塘　　大暑热，秋后凉

中期预示

长期预示

大暑热得慌，
四个月无霜

农　事

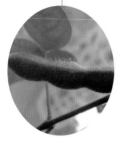

灌溉

收获及插秧

抗旱

棉花花铃期叶面积达最大值，是需水的高峰期

大豆开花结荚，正是需水临界期

早稻收获，晚稻插秧

黄淮平原的夏玉米已拔节孕穗，即将抽雄，要严防"卡脖旱"

习　俗

福建莆田：吃荔枝

台湾：吃凤梨

浙江沿海：送大暑船

广东：吃仙草

山东南部地区：喝暑羊

养 生

尽量不外出

预防情绪中暑

开窗通风以防暑气

运动量不宜过大

多吃苦味、健脾利湿、
益气养阴的食物

秋

立秋

　　立秋是二十四节气中的第十三个节气，更是干支历未月的结束以及申月的起始，时间为每年 8 月 7 日或 8 日。

　　"秋"就是指暑去凉来，意味着秋天的开始。到了立秋，梧桐树开始落叶，因此有"落叶知秋"的成语。秋季是天气由热转凉，再由凉转寒的过渡性季节。

气候特点

气候学常用候平均气温稳定降至22℃以下为秋季开始的标准。

立秋 ≠ 秋天到来

| 中伏 ● | 末伏 | 炎热仍在继续 | 9月中下旬 |

立秋

中国地域辽阔，虽各地气候有差别，但此时大部分地区仍未进入秋天气候。由于盛夏余热未消，"秋老虎"肆虐，很多地区仍处于炎热之中,气象资料表明,这种炎热的气候往往要延续到9月中下旬。

农　事

追肥耘田
加强管理

双晚

尽快秋耕

茶园

保伏桃,
抓秋桃

棉花

抓紧播种

华北地区大白菜

播种将开始,
及早做准备

北方冬小麦

53

习 俗

过立秋节

摸秋

秋忙会

秋收互助

秋田娱乐

啃秋　　　　　　　　　　　　　　贴秋膘

养　生

精神调养

内心宁静，心情舒畅，收敛神气，以适应秋天容平之气

起居调养

早卧早起，着衣不宜太多

运动调养

进入秋季，是开展各种运动锻炼的大好时机，每人可根据自己的具体情况选择不同的锻炼项目

饮食调养

尽量少吃葱、姜等辛味之品，适当多食酸味果蔬。饮食应以滋阴润肺为宜（可适当食用芝麻、糯米、粳米、蜂蜜、枇杷、菠萝、乳品等柔润食物，以益胃生津）

秋

处暑

　　处暑是二十四节气之中的第十四个节气。"处"有躲藏、终止的意思，"处暑"表示炎热暑天结束了。

 气候特点

 北方气温下降明显

太阳的直射点继续南移，太阳辐射减弱。

副热带高压跨越式地向南撤退，蒙古冷高压开始小露锋芒。

 秋高气爽

在冷高压控制下形成的下沉的、干燥的冷空气，宣告了中国东北、华北、西北地区雨季的结束，率先开始了一年之中美好的天气——秋高气爽。

 南方地区感受"秋老虎"

在副热带高压控制的南方地区，刚刚感受一丝秋凉的人们，往往在处暑尾声，高温不让"三伏天"，这就是名副其实的"秋老虎"。

 雷暴活动较多

进入9月，雷暴活动不及炎夏那般活跃，但华南、西南和华西地区雷暴活动仍较多。

 华西秋雨

进入9月，我国大部分地区开始进入少雨期，而华西地区秋雨偏多。华西秋雨的主要特点是雨日多，另一个特点是雨量不大，一般比夏季少，强度也弱。

 农 谚

 处暑有下雨，中稻粒粒米。

 处暑种荞，白露看苗。

 处暑萝卜白露菜。

 立秋处暑八月天，防治病虫管好棉。

 立秋种白菜，处暑摘新棉。

 习 俗

吃鸭子　　　　　过开渔节

祭祖、迎秋　　　放河灯　　　　泼水

养 生

穿着提示
不宜急于增加衣服

夜寝提示
腹部盖薄被，防止秋风流通而致脾胃受凉

室内提示
开窗使空气流动，让秋杀之气荡涤暑期热潮留在房内的湿浊之气

防病提示
在秋分之前，气候变化较大，易引发风寒或风热感冒

饮食提示
吃温补食物。尽量不吃萝卜（胡萝卜除外）。萝卜主下气，此时人的中气不足，吃萝卜易伤中气

白露

白露是二十四节气之一，是干支历申月的结束和酉月的起始。露是由于温度降低，水汽在地面或近地物体上凝结而成的水珠。

气候特点

进入白露节气后，夏季风逐步为冬季风所代替，冷空气转守为攻，暖空气逐渐退避。冷空气分批南下，往往带来一定范围的降温。"白露秋风夜，一夜凉一夜"形容气温下降速度加快的情形。

1 中国北方地区降水明显减少，秋高气爽，比较干燥。

2 长江中下游地区，此时第一场秋雨往往可以缓解前期的缺水情况，

3 但是如果冷空气与台风相会，或冷暖空气势均力敌，双方较量进退维艰时，形成的暴雨或低温连阴雨天气对秋季作物生长不利。西南地区东部、华南和华西地区往往出现连阴雨天气。

4 东南沿海（特别是华南沿海地区）可能会有台风造成的大暴雨。

白露是反映自然界气温变化的节令

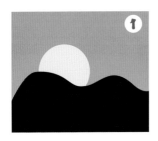

1 节气至此，由于天气逐渐转凉，白昼阳光尚热，但太阳一归山，气温便很快下降。

2 至夜间，空气中的水汽便遇冷凝结成细小的水珠，非常密集地附着在花草树木的绿色茎叶或花瓣上。

3 经早晨的太阳光照射，水珠看上去更加晶莹剔透、洁白无瑕，煞是惹人喜爱，因而得"白露"美名。

部分地区可能出现秋旱、森林火险、初霜等

1 秋旱。如果长江中下游地区的伏旱、华西和华南地区的夏旱得不到秋雨的缓解，就可能形成夏秋连旱。北方部分地区，如西北的陕西、山西、甘肃等，秋季降水本来偏少，如果出现严重秋旱，不仅影响秋季作物收成，还延误秋播作物的播种和出苗生长，影响来年收成。

2 森林火险。伴随秋旱，特别是山地林区，空气干燥、风力加大，森林火险开始进入秋季高发期。

3 初霜。早霜冻影响东北大豆的质量和产量，使华北棉花、白薯、玉米遭受冻害，影响产量。

习　俗

喝"白露茶"

酿"白露米酒"

"处暑十八盆，白露勿露身。"处暑还会热，每天需要用一盆水洗澡，过了 18 天，到了白露节气，就不能赤膊露体了，会着凉受寒

"寒从脚起，热从头散"，应注意脚的保暖，鞋袜宜宽松、舒适、吸汗

预防秋燥

春捂秋冻

地球赤道表面

交汇点

地球公转轨道平面

春分

冬至

夏至

秋分

黄道

赤道

每年 9 月 22 日或 23 日，视太阳位置到达黄经 180° 时，进入秋分节气。

气候特点

按气候学上的标准，秋分时节，我国长江流域及其以北的广大地区日平均气温都降到了 22℃以下，为物候上的秋天了。此时，来自北方的冷空气团已经具有一定的势力。

对秋分景象的描述

凉风习习、碧空万里、风和日丽、秋高气爽、丹桂飘香、蟹肥菊黄⋯⋯

秋分的意思

1 按我国古代以立春、立夏、立秋、立冬为四季的开始来划分四季，秋分日居于秋季 90 天的中分点。

2 此时一天昼夜均分，各 12 小时。秋分日，太阳光几乎直射赤道，此日后，太阳光直射位置南移，北半球昼短夜长。

从秋分这一天起，气候主要呈现三大特点

1 太阳光直射位置继续由赤道向南半球推移，北半球昼短夜长的现象将越来越明显，白天逐渐变短，黑夜变长（直至冬至日达到黑夜最长，白昼最短）。

2 昼夜温差逐渐加大，将高于 10℃。

3 气温逐日下降，一天比一天冷，逐渐步入深秋季节。

农 事

收获烟叶 / 棉花

收割晚稻

播种油菜 / 冬麦

"三秋"大忙，贵在"早"字

及时抢收秋收作物

南方的双季晚稻要预防"秋分寒"天气

适时早播冬作物

预防连阴雨造成的作物倒伏、霉烂或发芽

秋分第一天会出现三种非常有趣的特殊现象

南北两极过着等
长的白昼

北纬45°，物体
与其影子一样长

赤道上，立
竿无影

 习　俗

竖蛋

吃秋菜

 养　生

秋燥伤肺，秋分养生先养"肺"

饮食以清淡为主，确保新鲜及营养

居室注意清洁、确保无螨、无霉变

多喝水缓秋燥，多运动防悲秋

寒露

黄烟花生也该收，
起捕成鱼采藕芡。
大豆收割寒露天，
石榴山楂摘下来。

　　每年 10 月 8 日前后，视太阳位置移至黄经 195° 时为二十四节气之一的寒露。寒露时，气温比白露时更低，地面的露水更冷，快要凝结成霜了。

气候特点

气候学上，寒露以后，北方冷空气已有一定势力，我国大部分地区在冷高压控制之下，雨季结束。天气常是昼暖夜凉，晴空万里，一派深秋景象。

太阳光直射点在南半球继续南移，北半球太阳光照射的角度开始明显倾斜。

地面所接收的太阳热量比夏季显著减少，冷空气势力范围所造成的影响有时可以扩展到华南。

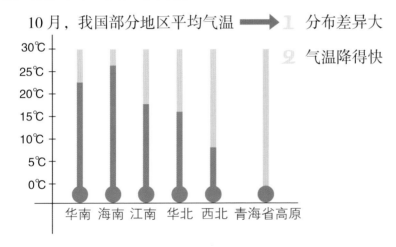

有危害的天气

1. 雾和霾

10月，气温下降明显，每当遇到秋雨，空气中水汽丰沛并很快达到饱和，有时出现雨雾混合或者雨后大雾的情况，影响当地的交通运输和交通安全。

高压控制大气层结稳定 ＋ 连日无风 ＋ 汽车尾气、工厂排出废气、粉尘不容易扩散 ＝ 霾　　霾 ＋ 空气中湿度大 ＝ 雾霾混合天气

2. 华西秋雨

华西秋雨是我国华西地区秋季多雨的一种特殊的天气现象。长时间阴雨寡照对秋季作物的成熟和收晒有较大的影响。

3. 寒露风

秋季冷空气入侵南方后，引起显著降温，造成晚稻瘪粒、空壳减产，因这种低温冷害多出现在寒露期间，故被称为寒露风。寒露风是一种农业气象灾害。

4. 高原山区雪害

进入深秋，在青海与四川交界处以及四川西部，海拔较高的高原山区开始出现雪量增大的情况，给当地交通、畜牧业带来较大的影响。

农　事

秋熟作物收割脱粒

棉花处于收获集中期，各地应精收细摘，保证优质优价

淮北地区自北向南陆续进入"三麦"（小麦、大麦、元麦）、油菜（直播）、蚕豆等的适宜播种期

加强秋菜苗期管理，做好棚室修建与盖膜的准备

饮食习俗

适当多食甘、淡食品，既可补脾胃，又能养肺润肠，防治咽干口燥等症

多食鸡、鸭、牛肉、猪肝、鱼、虾、大枣、山药等以增强体质

少食辛辣之品

登高习俗

北方已呈深秋景象，白云红叶，偶见早霜；南方也秋意渐浓，蝉噤荷残。秋天出游，登高望远，赏叶游湖，可以一扫心头的秋燥

霜降

霜降是秋季的最后一个节气，是秋季到冬季的过渡节气。霜降含有天气渐冷、开始降霜的意思。霜降节气，不耐寒的作物已经收获或者即将停止生长，草木开始落黄，呈现出一派深秋景象。

气候特点

东北北部、内蒙古东部和西北大部平均气温已在0℃以下，土壤冻结，冬作物停止生长，进入越冬期。

黄河中下游地区，10月下旬到11月上旬一般出现初霜，与霜降节气相吻合。

纬度偏南的南方地区，平均气温多在16℃，离初霜日期还有两三个节气。

华南南部河谷地带，要到隆冬时节，才能见霜。

 农　事

北方收获大白菜

冬麦播种

油菜进入二叶期　　　　　南方开始大量收挖红苕

习　俗

吃红柿子

闽南：进食补品

举行菊花会

山东：拔萝卜

养　生

多吃润肺食物

注意保暖，健康入冬

多食温和粥汤，
健脾养胃

黄经225°

立冬

　　立冬在每年 11 月 7 日或 8 日，视太阳位置达黄经 225° 时开始。

　　立，建始也，表示冬季自此开始；冬是"终了"的意思，有农作物收割后要收藏起来的含义。中国习惯把"立冬"作为冬季的开端。

气候特点

北方空气质量易变坏。

西南、江南地区早晨往往有成片大雾出现。

北起秦岭、黄淮西部和南部，南至江南北部都会陆续出现初霜。

华南北部往往12月才会进入冬季。

华南南部最高气温一般不超过30℃。

立冬 ≒ 入冬

立冬

	2019 年	2023 年
11 月 8 日	●	●
11 月 7 日		

2017 年　2018 年　　2020 年　2021 年　2022 年

入冬（连续 5 日气温低于 10℃）

农 事

东北地区	大地封冻，农林作物进入越冬期
江淮地区	"三秋"接近尾声
江南地区	抢种晚茬冬麦，抓紧移栽油菜
华南地区	立冬种麦正当时

习 俗

- 吃饺子
- 迎冬
- 贺冬
- 补冬

多吃主食，适当吃羊肉、鹌鹑和海参

食海带、紫菜，促进甲状腺素分泌

食动物肝脏、胡萝卜，增强抗寒能力

食芝麻、葵花籽，补充人体耐寒的必要元素

小雪

　　小雪是二十四节气中的第二十个节气。11月22日或23日，视太阳位置到达黄经240°时为小雪节气。

　　进入该节气，中国广大地区东北风开始成为常客，气温下降，逐渐降到0℃以下，但大地尚未过于寒冷，虽开始降雪，但雪量不大，故称小雪。

气候特点

小雪节气，东亚地区已建立起比较稳定的经向环流，西伯利亚地区常有低压或低压槽，东移时会有大规模的冷空气南下，我国东部会出现大范围大风降温天气。小雪节气是寒潮和强冷空气活动频数较高的节气。强冷空气影响时，常伴有入冬第一次降雪。

华北地区将有降雪。冷空气使我国北方大部地区气温逐步降到0℃以下。

黄河中下游地区平均初雪期基本与小雪节气一致。虽然开始下雪，但是一般雪量较小，并且夜冻昼化。如果冷空气势力较强，暖湿气流又比较活跃，也有可能下大雪。

南方地区北部开始进入冬季。"荷尽已无擎雨盖，菊残犹有傲霜枝"，已呈初冬景象。

农谚民谣

小雪雪满天，来年必丰年。

立冬小雪，抓紧冬耕，结合复播，增加收成。土地深翻，加厚土层。压砂换土，冻死害虫。

立冬下麦迟，小雪搞积肥。

立冬小雪北风寒，棉粮油料快收完。油菜定植麦续播，贮足饲料莫迟延。

贮藏蔬菜

鱼塘越冬

农闲副业

饮食保健

气虚者可选用人参进补

血虚者可选用龙眼肉进补

民　俗

腌腊肉

吃糍粑

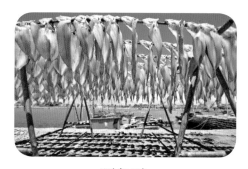
晒鱼干

吃刨汤

大雪

　　大雪是二十四节气中的第二十一个节气，标志着仲冬时节的正式开始。大雪的意思是天气更冷，降雪的可能性比小雪时更大了，并不指降雪量一定很大。

　　此时我国大部分地区的最低温度都降到0℃或以下，往往强冷空气前沿冷暖空气交锋的地区会降大雪甚至暴雪。可见，大雪节气是表示这一时期降大雪的起始时间和雪量程度，它和小雪、雨水、谷雨等节气一样，都是直接反映降水情况的节气。

气候特点

东北、西北地区平均气温降至 −10℃以下，已大雪纷飞了。

珠三角一带依然草木葱茏，干燥的感觉还是很明显，与北方地区的气候相差很大。

南方地区冬季气候温和而少雨雪，平均气温较长江中下游地区高 2~4℃，雨量仅占全年的 5% 左右。偶有降雪，大多出现在 1 月和 2 月；地面积雪四五年难以见到一次。

黄河流域和华北地区气温也稳定在 0℃以下，黄河流域一带渐有积雪。

常见天气现象

降温　　　冻雨（雨凇）　　　雾霾

大雪（暴雪）　　　雾凇　　　凌汛

江淮及以南地区小麦、油菜仍在缓慢生长，要注意施肥，为其安全越冬和来春生长打好基础。

华南、西南地区小麦进入分蘖期，应结合中耕施分蘖肥，注意清沟排水。

天气虽冷，但对于贮藏的蔬菜和薯类要勤于检查，地窖要适时通风，不可封闭得太死，以免升温过高、湿度过大导致烂窖。

若下雪不及时，人们偶尔还在天气稍转暖时浇一两次冻水，提高小麦越冬能力。

俗话说"大雪纷纷是旱年，造塘修仓莫等闲"。此时还要加紧兴修水道、积肥造肥、修仓，做好粮食入仓等事务。

腌肉

进补

观赏封河

 养 生

保暖 — 健脚 — 多饮 — 调神 — 通风 — 粥养 — 早睡

冬至

古人对冬至的说法是"阴极之至，阳气始生，日南至，日短之至，日影长之至，故曰冬至"。冬至俗称"冬节""长至节""亚岁"等。它是二十四节气中最早被制订出的节气，每年12月21日或22日，视太阳位置达黄经270°时开始。

天文学上把冬至作为冬季的开始，对我国大多数地区来说，这显然偏迟。冬至日是一年中白昼最短的一天。过了冬至以后，太阳光直射位置逐渐向北移动，北半球白昼逐渐变长，夜晚逐渐变短。

从气候学上看，冬至期间，西北高原平均气温在0℃以下，南方地区也只有6~8℃。不过，西南低海拔河谷地区，即使在当地最冷的1月上旬，平均气温仍然在10℃以上，真可谓"秋去春平，全年无冬"。

冬至开始"数九"，冬至日也就成了"数九"的第一天。关于"数九"，民间流传着"数九歌"：

一九二九不出手，
三九四九冰上走，
五九六九沿河看柳，
七九河开，八九燕来，
九九加一九，耕牛遍地走。

"三麦"、油菜中耕松土，重施腊肥，浇泥浆水，清沟理墒，培土壅根

稻板茬棉田和棉花、玉米苗床冬翻，熟化土层

搞好良种串换调剂，棉种冷冻和室内选种

绿肥田除草，并注意培土壅根，防冻保苗

果园、桑园继续施肥、冬耕清园。果树、桑树整枝修剪、更新补缺，消灭越冬病虫

越冬蔬菜追施薄粪水、盖草保温防冻，特别要加强苗床的越冬管理

畜禽加强冬季饲养管理，修补畜舍，保温防寒

继续捕捞成鱼，整修鱼池，养好暂养鱼种和亲鱼，搞好鱼种越冬管理

冬至吃饺子

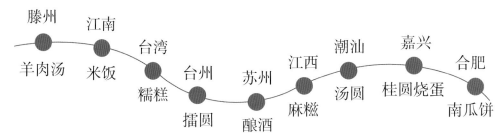

滕州 羊肉汤　江南 米饭　台湾 糯糕　台州 擂圆　苏州 酿酒　江西 麻糍　潮汕 汤圆　嘉兴 桂圆烧蛋　合肥 南瓜饼

冬至保健养身

注意防寒保暖。在气温降到 0℃ 以下时，要及时增添衣服，衣裤既要保暖性能好，又要柔软宽松，不宜穿得过紧，以利于血液流通

合理调节饮食起居，不酗酒，不吸烟，不过度劳累

保持良好的心境，情绪要稳定、愉快，切忌发怒、急躁和精神抑郁

进行适当的御寒锻炼，如平时坚持用冷水洗脸等，提高机体对寒冷的适应性和耐寒能力

小寒

小寒是二十四节气中的第二十三个节气。小寒时，视太阳位置到达黄经 285°，时值 1 月 5 日或 6 日。小寒之后，我国气候开始进入一年中最寒冷的时段。俗话说，"冷气积久而寒"。此时，天气寒冷，大冷还未到达极点，所以称为小寒。

气候特点

为什么叫小寒而不叫大寒呢？

小寒处于"二九"的最后几天里，过几天后，才进入"三九"，并且冬季的小寒正好与夏季的小暑相对应，所以称为小寒。位于小寒节气之后的大寒处于"夜眠如露宿"的"四九"，也是很冷的，并且冬季的大寒恰好与夏季的大暑相对应，所以称为大寒。

冬至是北半球太阳光斜射得最厉害的时候，那为什么最冷的时候不是冬至而是小寒到大寒呢？冬至过后，太阳光直射位置虽北移，但在其后的一段时间内，直射位置仍然位于南半球，我国地区白天的热量收入还是低于夜间热量的散失，所以温度继续降低，直到收入和散失的热量趋于相等为止。

小寒和大寒节气哪个更冷？

这个问题并没有一个确切的答案，历史资料统计表明，不同地点、不同年份，情况不尽相同。一般来说，北方地区大寒节气的平均最低气温要低于小寒节气的平均最低气温；南方地区最寒冷的时候是小寒及雨水和惊蛰之间这两个时段，小寒时是干冷，而雨水和惊蛰之间是湿冷。

农事

小麦和油菜：追施冬肥，做好防寒防冻、积肥造肥和兴修水利等工作

大棚蔬菜：以防灾害性天气为主，采取多层覆盖以保温

高山茶园：以稻草、杂草或塑料薄膜覆盖篷面，以防止风抽而引起枯梢和沙暴对叶片的直接危害

粮油作物：对于（江北）小麦，特别是稻茬麦，覆盖土杂肥以防冻害；对于油菜，（江南）注意开沟排水，防积水，增施腊肥（以有机肥为主）

果树：对苹果、梨、桃、葡萄树进行冬剪

习　俗

南京：吃菜饭

熬制膏药

广东：吃糯米饭

"四补"

虽然此时节是"进补"的最佳时期，但进补并非吃大量的滋补品就可以了，一定要有的放矢。按照传统中医理论，滋补分为四类，即补气、补血、补阴、补阳。

补气

补血

补阴

补阳

多进行户外运动

做好保暖工作

大寒

　　大寒是二十四节气的最后一个季节，每年1月20日或21日，视太阳位置达黄经300°时开始。

　　此时寒潮南下频繁，我国大部分地区处于一年中的最冷时期，风大、低温、地面积雪不化，呈现出冰天雪地、天寒地冻的严寒景象。

气候特点

　　同小寒一样，大寒也是表示天气寒冷程度的节气。近代气象观测记录虽然表明在我国部分地区，大寒时气候不如小寒冷，但是在某些年份和沿海少数地方，全年最低气温仍然会出现在大寒节气内。

　　小寒、大寒是一年中降水最少的时段。平常年份，大寒节气时，我国南方大部分地区降水量仅较前期略有增加，华南大部分地区为5~10毫米，西北高原山地一般只有1~5毫米。

农　谚

　　大寒不寒，春分不暖。
　　大寒猪屯湿，三月谷芽烂。
　　大寒牛眠湿，冷到明年三月三。
　　大寒日怕南风起，当天最忌下雨时。

尾牙祭

大寒迎年

瓦锅蒸煮糯米饭

心情舒畅

早睡晚起

睡前洗脚

固护脾肾，调养肝血

日出后运动